Collège Expérimental
d'Aviculture
de Château-Thierry

Château de Blesmes

Cours Complet

par correspondance

Quinzième Leçon

Collège Expérimental d'Aviculture de Château-Thierry

Château de Blesmes

Cours Complet

par correspondance

Quinzième Leçon

Questionnaire

Montrez quel avantage l'Aviculteur peut retirer du Culling ?

Résumez les différentes phases du Culling pendant la ponte et
. après la ponte.

Quand l'Aviculteur doit-il se séparer des non pondeuses ?
Pensez-vous qu'il puisse, au moment où la mue va commencer,
tirer parti des volailles réformées en les engraissant ? Sinon,
que doit-il en faire ?

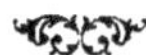

La Sélection des Pondeuses

par les Caractères Extérieurs

INTRODUCTION

UNE des principales causes du perfectionnement de l'Aviculture dans ces dernières années est la connaissance plus exacte qu'ont les aviculteurs des caractères individuels de la volaille et la possibilité de la transmission de ces caractères à la descendance.

On a d'abord remarqué que les sujets composant tous les troupeaux ne sont pas également productifs. Il a été démontré que certains d'entre eux ne pondent jamais, que d'autres ne donnent qu'un nombre d'œufs relativement restreint, que d'autres enfin accusent une haute production.

Les proportions dans lesquelles bons et mauvais producteurs se trouvent dans les troupeaux sont déterminées par différents facteurs : hérédité et environnement. L'hérédité donne son influence dès la naissance, elle est modifiée par l'environnement (incubation, élevage, logement, nourriture, soins).

La première partie (hérédité) sera traitée dans la leçon suivante.

La deuxième partie a fait partie des leçons précédentes. Nous nous occuperons ici d'apprendre à déterminer quelles sont, dans un troupeau donné, les bonnes et les mauvaises pondeuses, les poules qui pondent et celles qui ne pondent pas au moment de l'examen, à éliminer celles qui ne paient pas.

Durant 1917 à 1918, l'Aviculture subit aux Etats-Unis un profond bouleversement, à cause de l'augmentation du prix des nourritures. D'un côté, des milliers d'aviculteurs spécialisés vendirent leurs volailles, quittèrent leurs fermes et se créèrent une autre situation. D'un autre côté, d'autres Aviculteurs situés dans les mêmes localités virent le bénéfice réalisé les années précédentes, augmenter considérablement. Une étude attentive de ces conditions différentes montra que le principal facteur auteur de ces abandons ou de ces succès est la *moyenne de production des volailles*. En d'autres termes, ceux qui, par leurs méthodes d'élevage et de sélection obtinrent de fortes moyennes de production et ne nourrirent que des oiseaux immédiatement utiles, réalisèrent de grands profits, tandis que les ignorants ou les butés subirent de lourdes pertes.

Il y a plusieurs méthodes permettant d'augmenter la moyenne de production d'un troupeau, c'est-à-dire d'éliminer les mauvaises pondeuses : celle qui est la plus facile, à la portée de tous, est le tri ou Culling, c'est-à-dire la sélection d'après les caractères extérieurs. Ce tri est pratiqué par des centaines de milliers d'Américains, avec succès.

La méthode de sélection que nous vous donnons dans cette leçon est d'une importance capitale, car elle vous permet d'éliminer les pauvres pondeuses, de réduire la dépense de nourriture, de maintenir un état général plus sain et par conséquent d'éviter les maladies, car les mauvaises pondeuses sont les moins robustes ; de réduire la main-d'œuvre, de conserver un fort pourcentage de ponte, c'est-à-dire un rapport élevé entre le nombre de pondeuses conservées et celui d'œufs produit : *clef des bénéfices*.

Enfin cette méthode a encore un immense avantage : elle n'est pas coûteuse. Le nid-trappe, lui, est coûteux. Il l'est comme installation, mais il l'est bien plus comme main-d'œuvre (relève des nids et tenue des tableaux de ponte). Mais cette sélection que nous allons vous décrire et vous faire comprendre ne fait pas double emploi avec le nid-trappe. Ce **Culling** est un choix ; il n'est pas une étude. Il touche le troupeau tout entier, plutôt que l'individualité. Il convient à tous les Aviculteurs spécialisés dans la reproduction des œufs de consommation, tandis que le nid-trappe est l'outil de l'Aviculteur, créateur de lignée. Ce qui ne veut pas dire que tous ceux qui en possèdent ou s'en servent « créent » des lignées ! !

La sélection du troupeau ne tient pas la place de l'élevage par pédigrée. Nous désirons qu'il n'y ait sur ce point aucun malentendu. Nous ne vous donnerons dans cette leçon que les méthodes recommandées par les meilleures autorités et contrôlées par nous-mêmes, et nous pensons y donner assez de détails, pour que tous puissent l'appliquer complètement.

Ce sont les Collèges d'Aviculture des Etats-Unis qui ont étudié les premiers ces méthodes, les ont expérimentées et ont travaillé à leur diffusion. Parmi ces Collèges, ceux qui ont fait le plus pour cette question sont ceux du Conneticut, Missouri, New-Jersey et New-York. Parmi les personnalités, citons : Professeurs Rice, Lewis, D'' Thompson, Aubry, Kent.

Mais à côté de ces noms, nous commettrions une omission très grave, si nous ne mentionnons Wyckoff et Padman, ainsi que leur fameux élève Atkinson.

CAUSES DE BASSE PRODUCTION

Les principales causes de basse production ou plutôt celles qui tiennent toutes les autres sous leur dépendance sont : 1°) le manque d'intérêt, ce mot étant pris dans son sens intellectuel, si nous pouvons nous exprimer ainsi, et 2°) le manque de données précises sur ce sujet.

Maintenant que les nourritures et les œufs sont chers, que l'Aviculture subit un essor formidable, il semble que l'intérêt moral augmente parce que l'intérêt matériel est en jeu.

Mais le manque de connaissances, du moins de connaissances précises, ne suit pas l'enthousiasme du public pour ce qui touche l'Aviculture d'utilité d'où les échecs continuels.

Cette leçon comblera la lacune.

Les autres causes découlant du manque de savoir sont les suivantes :

1°) On tient des animaux trop âgés. Nous ne reviendrons pas sur ce que nous avons dit à ce sujet. Nous ajouterons qu'il est indispensable : 1°) que l'on identifie les sujets de même âge à l'aide de bagues ou au tœpunch ; 2°) que l'on puisse reconnaître l'âge d'une volaille par son examen.

2°) On tient des animaux malformés et malades.

Sous le prétexte que les sujets « sont de races pures » on hésite à s'en séparer malgré des déformations (de la colonne vertébrale, des orteils, etc...) c'est là une formidable erreur, car ces animaux, faibles, sont les réceptacles vivants de tous les germes contre lesquels ils n'ont pas la force de lutter. Ils sont d'abord de pauvres producteurs, et les germes morbides prennent dans leur organisme une virulence qui fait éclater la maladie, et le désastre est imminent.

3°) On fait éclore trop tard en saison. — Nous avons vu que les perfectionnements donnés à l'emploi de la lumière artificielle nous permettent et nous conseillent de faire éclore de Janvier à Avril et Mai.

Mais si nous faisons éclore après Mai, **les sujets obtenus** n'ont pas le temps de se développer avant les froids, **ils restent** chétifs, petits, malingres et constituent un danger. D'autre part, ces volailles ne peuvent être de brillantes productrices.

4°) On ne sait pas nourrir, loger, traiter les volailles : on manque de méthode. Sans autre explication, nos élèves connaissent la portée de ces manquements, et ils sont maintenant à l'abri de pareilles erreurs. Le succès sera le couronnement de leurs études.

CAUSES DE PERTES D'ARGENT

Les pertes d'argent, avec des troupeaux qui devraient en faire gagner, ont pour cause l'ignorance de ce fait : c'est la différence *journalière* entre les prix des œufs pondus et la somme payée pour les nourritures qui constitue la plus grosse part des bénéfices.

Nous disons journalière, et tous ceux qui ne voudront pas y veiller verront leurs bénéfices décroître de leur propre faute. — Car ce serait s'illusionner considérablement, que croire que des poulettes issues de lignées de bonnes pondeuses, sont toutes bonnes pondeuses. Cette illusion est cause de maints insuccès.

D'excellents reproductrices et reproducteurs, nous le verrons dans la leçon suivante, donnent *toujours* des sujets excellents, des sujets moyens, des sujets sans valeur.

Les derniers ne devraient pas être mis dans les poulaillers de pondeuses, mais on ne possède aucune donnée précise et infaillible pour les éliminer tous. Ainsi que les seconds, ils finiront leur ponte avant les premiers.

Le secret de la réussite consiste à les éliminer d'abord si on le peut, avant de les placer dans le poulailler de ponte ; à les éliminer de ce poulailler de ponte aussitôt qu'on aura reconnu leur infériorité ou que la ponte est arrêtée, si on les y a mises.

Ce « tri », cette élimination ne peut se faire en hiver (premier hiver de ponte) car ces volailles peuvent très bien ne pas pondre avant le 1er Février. Mais ce jour arrivé, la plus grosse dépense non productive est faite : les volailles pondront vraisemblablement tout le printemps et l'été, paieront leur nourriture et seront susceptibles de gagner un peu d'argent.

MOMENT DU TRI

Mais le 15 Février, avant de les autoriser à rester dans le poulailler de ponte, on leur fera subir une visite et seront impitoyablement éliminées celles qui montreraient des traces de faiblesse.

Disons que l'emploi rationnel de la lumière artificielle fera qu'elles devront se mettre à pondre avant cette date si elles sont mûres, dès que leur croissance est achevée.

Mais les poulettes ayant pondu tout l'hiver et le printemps suivant peuvent très bien s'arrêter dès Avril ou même Mars. L'arrêt provoque une mue et une longue période de non production.

C'est à ce moment qu'il faut les éliminer ; à *aucun prix* il ne faut les nourrir en perte. Il ne faut pas se dire, elles repondront : c'est une erreur.

Elles vous coûteront toujours plus qu'elles ne vous apporteront. Le problème est donc double :

1°) — Reconnaître les volailles ne devant pas amener assez rapidement leurs occytes à maturité.

2°) — Reconnaître les volailles qui viennent de cesser leur ponte. Ces tris doivent s'appliquer chaque quinzaine, du 15 Février à la fin première année de ponte.

Retenons que le bénéfice d'un Etablissement Avicole quel qu'il soit, ayant pour but la production de l'œuf, se mesure au pourcentage journalier de ponte et que ce pourcentage s'obtient de la façon suivante :

$$\frac{\text{Nombre d'œufs} \times 100.}{\text{Nombre de poules du poulailler.}}$$

HISTORIQUE DE LA SELECTION

D'APRES LES CARACTERES EXTERIEURS OU « CULLING »

Le mot « Culling » dont la traduction française serait « tri » plutôt que sélection, est un terme employé pour indiquer l'opération faite lorsque l'on classe en « pondant » et « non pondant », c'est-à-dire en volailles qui sont présentement en état de ponte et en volailles qui ne le sont pas.

Appliqué régulièrement, le « Culling » permet de dire non seulement si les volailles sont ou ne sont pas en ponte au moment du tri, mais encore de dire (volailles à pigmentation jaune) depuis quand elles ont cessé leur ponte ou si elles n'ont pas encore pondu, comme il permet de dire à un certain moment (au début de la ponte) depuis quand les volailles sont en ponte (approximativement, bien entendu).

Enfin, appliqué vers la fin de la ponte, le « Culling » permet de dire avec une certaine exactitude quelles sont les meilleures pondeuses, et appliqué aux poulettes, de faire un choix entre elles avant la ponte.

Il serait cependant dangereux de sus-estimer le Culling et de vouloir lui faire dire, même très approximativement, le nombre d'œufs que la poulette doit pondre ou a pondu. En aucune façon le Culling ne remplace lenid-trappe qui est, lui, le seul moyen de contrôle individuel. Vouloir l'employer pour la constitution des lignées est une erreur considérable.

C'est cette erreur que des professionnels ont propagée à leur grand dam.

Tandis que l'élaboration des règles du « Culling » et leur adoption par la masse des Aviculteurs Américains ont été le travail des toutes récentes années, il est reconnu que des Aviculteurs avaient auparavant remarqué qu'il existe une certaine corrélation entre les caractères de la pondeuse et la ponte. C'est ainsi que le Dr O. B. Kent, de Cornell University, écrivait dans le journal de l'Association Américaine d'Instructeurs et Professeurs de *Poultry Husbandry,* en Mai 1916 (pendant la guerre, par conséquent) :

Une étude de quelques-unes des variations périodiques montrent qu'au plus tard en 1876, une dame reconnut que les poules qui pondent tard en saison muent tardivement et rapidement. Ce fait semble avoir été découvert plusieurs fois avant que le bulletin 258 de l'Université de Cornell : « *La mue des volailles* », ne fut paru.....

« Il est reconnu depuis peu de temps que durant la production d'œufs le pigment jaune disparaît des pattes, du bec, des paupières ou tour de l'œil, de la peau......

C'est en 1905 que Walter Hogan publia son système par lequel il prétendait énoncer le nombre d'œufs qu'une volaille devait pondre dans son année, et que Potter publia son livre : « *Ne tuez pas la pondeuse* » (*Don't kill the laying hen*).

Le professeur James F. Rice, de Cornell, publia en 1909, un article dans le « *Farmers Institue Report* », publié (p.h. 1° col) par le département d'agriculture de New-York en 1909, dans lequel il était dit : Nous avons trouvé dans nos expériences sur la mue que les meilleures pondeuses sont celles qui muent tardivement. La poule n° 61 a pondu 213 œufs en 10 mois et n'a pas fait de nouvelles plumes avant la mi-Novembre, alors qu'elle était presque nue.

En 1910 le même professeur Rice publia ses remarques au sujet de la décoloration du pigment jaune suivant la ponte.

Enfin en 1912, le professeur Rice proclame que trois facteurs doivent entrer en ligne de compte dans la sélection des pondeuses :

1°) — Les grandes productrices muent tardivement.

2°) — Les grandes productrices ont les parties décolorées (volailles américaines).

3°) — Les grandes productrices sont de grandes mangeuses.

En 1914, il ajoute deux nouveaux caractères :

1°) — Les grandes productrices ont les os pelviens écartés. Ces os pelviens s'écartent et s'assouplissent durant la période de ponte, se contractent et durcissent durant la période de repos. Ceci permet de distinguer les volailles en ponte de celles qui ne le sont pas.

2°) — Le volume du jabot et de l'abdomen, la taille, la texture, la couleur de la crête indiquent l'état de santé et de productivité avec un haut degré d'exactitude.

En 1915, à la Station Expérimentale de Storr (Connecticut), des remarques furent faites sur le développement de la pigmentation, Messieurs Blakeslee et Warner publièrent un article intitulé : « Corrélation entre l'activité de ponte et la pigmentation jaune chez les volailles domestiques », dans lequel ils énoncent cette vérité que les résultats de l'étude de la pigmentation peuvent être utilement mis en pratique dans la sélection.

Aujourd'hui ces études ont été poussées très loin, elles nous donnent des règles détaillées et précises.

IMPORTANCE DES SELECTIONS

Nous avons dit à maintes reprises que le bénéfice de l'Aviculteur est constitué par la différence entre la somme rapportée par la vente des produits et les frais.

Ces frais sont constitués par l'achat du matériel, l'achat des stocks de reproducteurs ou d'œufs, ou mieux de poussins, la main-d'œuvre, les frais de nourriture. Il ne faut donc loger, soigner et nourrir que des animaux productifs. Il faut accroître les rendements individuels par la sélection (travail de l'établissement de création de lignées) et il faut conserver uniquement les sujets capables de profit.

Conserver les sujets capables de profit est l'objet de cette leçon. Cette sélection, ce tri doit être fait à peu de frais, car si les frais ont une étendue égale ou supérieure au profit retiré, la sélection n'a pas été profitable.

Nous voulons maintenant vous montrer que cette sélection — qui ne peut être faite que par l'examen des caractères extérieurs et par la mensuration, afin qu'elle ne soit pas coûteuse — est d'un profit énorme.

C'est encore aux Etats-Unis que nous prendrons nos références.

Un Collège Américain d'Agriculture organisa 75 démonstrations de la méthode de sélection par l'examen des caractères extérieurs et par la mensuration dans 75 poultry farms différentes. Les gens des environs prirent part à ces conférences démonstratives et firent subir le tri chez eux, à leurs volailles ; 55.000 pondeuses furent ainsi examinées.

Dans les 75 troupeaux sélectionnés par les Conférenciers, 7.556 poules furent examinées. Leur moyenne de ponte était primitivement de 28 %. La ponte totale journalière était de 2.130 œufs environ. Après sélection, 4.419 pondeuses furent conservées, elles donnèrent 2.018 œufs, soit 45 ½ pour cent. La diminution de la ponte fut seulement de 112 œufs pour 3.137 *volailles éliminées*.

Comptons un peu :

```
        7.556 pondeuses à 0 fr. 10 ==     755  fr 60
        2. 130 œufs à 0 fr. 50        == 1.065  fr. »»
                                        ___________
            Bénéfice......    309  fr.  40
```

Après le tri :

```
        4.419 pondeuses à 0 fr. 10 ==     419  fr.  90
        2.018 œufs à 0 fr. 50         == 1.009  fr.  »»
                                        ___________
            Bénéfice......    567  fr.  10
```

Soit diminution du coût de nourritures :

        755 fr. 60 — 441 fr. 90 = 313 fr. 70

Augmentation journalière de profit :

        557 fr. 10 — 309 fr. 40 == *247 fr. 70 par jour.*

Si vous dépensez pour nourrir un troupeau de 1.000 pondeuses 36.000 francs par an et que votre rentrée en œufs est de 80.000 francs, vous aurez un grand intérêt à ne nourrir en été que vos seules pondeuses et abaisser ainsi le prix des nourritures à 25 francs, la rentrée produite par la vente des œufs n'en sera pas sensiblement changée mais le bénéfice sera considérablement accru.

Etudions donc tous les points composant le tri et dégageons-en une méthode pratique et infaillible.

LA MÉTHODE DE WALTER HOGAN

Walter Hogan fut un Aviculteur Américain, il décéda en 1921. Il fut un de ceux qui ont le plus contribué à la naissance et à l'essor de l'Aviculture Moderne, et on a comparé justement son influence à celle de l'inventeur Egyptien des couveuses artificielles. Son expérimentation porta uniquement sur la Leghorn Blanche. Son système publié dans son livre « *The call of the hen* » donne des indications suffisantes pour permettre de séparer les poules qui sont en état de ponte, mais à ce sujet, les opinions sont très diverses. Nous dirons qu'il ne permet pas de faire cette évaluation, mais qu'il peut indiquer quelles sont les bonnes et les mauvaises pondeuses et surtout qu'il indique quelles sont les volailles en ponte au moment du tri. La méthode de Hogan ne donne, pas plus qu'aucune autre méthode de sélection non basée sur la pratique constante des nids-trappes, une certitude pouvant être chiffrée, nous pouvons affirmer que, chiffrée, elle donne seulement 70 % d'exactitude environ. On ne peut donc se servir uniquement de cette méthode pour établir une création serrée et rapide de lignées de grandes pondeuses. Mais il n'en ressort pas moins que la méthode de Hogan a été un perfectionnement formidable des méthodes, la raison même de la possibilité du développement des méthodes modernes, et que, même ayant fait faillite au point de vue nombre pronostiqué d'œufs à pondre, elle a permis d'établir les tris qui rendent possibles et éminemment profitables l'Aviculture Industrielle pour la production de l'œuf. Rendons donc à Hogan les grâces qui lui sont dûes et inclinons-nous devant son souvenir.

BASES DU SYSTEME DE HOGAN

Partant en principe que pour produire soit de la chair, soit des œufs la poule doit pouvoir digérer une grande masse de matières alimentaires, Hogan indique que les bonnes pondeuses possèdent un abdomen ample, flexible, doux. Les doigts s'y enfoncent facilement.

Cette capacité abdominale est mesurée par Hogan en prenant les intervalles compris entre la pointe postérieure du bréchet et l'extrémité des os pelviens. C'est l'écartement pelvien sternal. Cet écartement est grand lorsque les poules sont en ponte, aussi bien chez les grandes pondeuses que chez les volailles dont l'aptitude à la production de la chair est développée.

Mais il est dirigé vers l'aptitude à la ponte si les os pelviens sont indemnes de graisse et s'ils sont recouverts d'une peau fine. La graisse de cette partie du corps devant d'abord servir à constituer une partie de celle de l'œuf. Ils doivent de plus être droits et flexibles.

Hogan a alors établi un barème où il chiffre la ponte probable de première année des Leghorns en tenant compte des 2 mesures : écartement pelvien et épaisseur des os pelviens garnis de chair et peau. Il a également établi un tableau semblable pour les coqs, tableau indiquant la puissance de ponte qu'ils peuvent communiquer aux poules nées d'eux.

La peau, surtout celle de l'abdomen, doit être fine, flexible, veloutée, filant entre le pouce et l'index.

Enfin Walter Hogan préconisait pour la sélection des coqs un procédé basé sur la longueur de l'arrière-crâne, mais ces études n'ont pas été poursuivies.

EXAMEN DE LA METHODE DE HOGAN

Il est parfaitement exact que les bonnes pondeuses ont un abdomen de grande capacité, et que, en ponte surtout, elles ont un écartement pelvien assez grand, qu'elles doivent avoir les os en lamelle droits, flexibles, que leur peau doit être fine et souple. Mais à eux seuls, ces caractères sont insuffisants. Ils peuvent indiquer la qualité de pondre beaucoup d'œufs au moment où le tri est fait, mais non beaucoup d'œufs pendant une longue période, ce que nous appelons la persistance. Nous y joindrons d'autres caractères qui compléteront cette méthode, en augmenteront la portée et la rendront plus pratique.

Quant aux chiffres de ponte probables donnés dans les barèmes de Hogan, nous dirons qu'ils sont purement théoriques, car la performance de chaque individu dépend d'autres facteurs, les uns connus et appréciables, les autres inconnus et insondables, du moins pour l'instant.....

L'ETUDE DES CARACTERES DE LA PONDEUSE

Afin de sérier les questions et de présenter la méthode sous une forme pratique nous grouperons les points à examiner en trois catégories :

1°) — Avant la ponte   = Pronostics.
2°) — Pendant la ponte = Constatations, éliminations.
3°) — Après la ponte   = Volailles à conserver pour la 2e
                                    saison de production.

Première Partie

AVANT LA PONTE — PRONOSTICS

L'examen de l'oiseau a lieu dès la naissance. Non seulement nous avons mis en incubation des œufs forts, de forte densité, égale ou supérieure à 1,100, de poids normal, c'est-à-dire de 58 grammes au moins pour les Leghorns, non seulement nous avons conduit nos incubations de façon à donner le maximum de vitalité, de santé, de vigueur aux futurs poussins, mais encore nous avons éliminé tout poussin né tardivement, tout poussin non vigoureux, bien planté, robuste, éveillé. Vouloir conserver des non-valeurs est une grande faute.

Au cours de leur croissance, nous avons éliminé tous les chétifs, les malingres, les maladifs. Jamais nous n'avons conservé un sujet atteint de diarrhée ou un seul sujet resté sain dans une bande où la mortalité aurait été anormale.

Cela peut paraître draconien, exagéré; nous vous disons : craignez les épidémies et évitez-les en ne conservant que des sujets de grande santé, de grande vigueur; ils trouveront en eux des résistances très grandes à l'action des agents microbiens.

Au sevrage, c'est-à-dire vers 6 semaines en moyenne, ce délai varie suivant les saisons et suivant les races, vos meilleurs poussins sont ceux qui sont le mieux emplumés partout, mais surtout à l'abdomen postérieur et sur le dos, qui font les plus forts poids, qui sont vifs, vigoureux, sains. Les autres doivent être rejetés du futur troupeau de pondeuses. L'épinette les attend, quel que soit leur sexe. L'influence du tri de 6 semaines est énorme, car huit jours de retard à cet âge est un handicap très lourd.

Faites des sujets de rapport et non des sujets tout court.

Surveillez, dans les périodes ultérieures la croissance de vos sujets. Des aliments trop azotés feront de petites pondeuses, trop petites, trop précoces.

Si vos sujets sont nés très tôt en saison, profitez-en pour en faire des animaux bien charpentés, ne les poussez pas trop ; donnez-leur davantage d'hydrocarbonés et de verdures. S'ils sont nés tardivement, poussez-les plus vite en augmentant la dose d'aliments albuminoïdes, vos sujets seront plus petits, pondront de plus petits œufs, mais pondront encore en hiver s'ils ne sont pas venus au monde trop tard.

La plume est à cet âge le miroir de la santé. Le plumage d'un oiseau bien portant et heureux doit être lisse, brillant, lustré.

Avant la mise dans le poulailler de ponte, vous procédez à un autre tri ; car il importe de ne conserver aucun animal improductif ou à trop basse production reconnue.

Les différents points à observer dans ce tri sont dans l'ordre d'importance, les suivants :

1°) L'examen de la tête.
2°) La forme du corps ou type.
3°) Le tempérament, l'activité, la vigueur, la santé, la condition.
4°) La conformation intérieure du corps.
5°) L'examen de la plume, de la peau, des pattes.
6°) Le poids.

Passons en revue chacun de ces points :

L'EXAMEN DE LA TETE

D'ores et déjà nous pouvons avoir par l'examen de la tête, de sérieuses indications sur la ponte future.

La tête doit être fine, féminine. La finesse de cette partie du corps, l'absence de masculanité, de grossièreté est un excellent facteur.

Le bec ne doit être ni trop long ni trop court. Les volailles au bec plus long que la normale ne pondent jamais ou rarement. Son développement doit être symétrique, sa courbure normale. Les barbillons doivent être longs et attachés près de la tête, non sous le bec. Leur texture doit être fine, ils doivent être très souples, assez épais et rouges, les doigts doivent sentir en les touchant une impression de velouté humide ; le sang doit les baigner abondamment. Les meilleurs sont parmi ceux répondant à ces caractères, le plus longs et les plus larges, c'est-à-dire ceux qui ont une grande surface.

Lorsque la ponte est proche, la crête se développe en même temps que les barbillons. Les meilleures crêtes sont alors les plus développées. Elles ont les dents écartées à leur pointe; cette crête doit épouser la forme de la nuque, se prolonger en arrière par conséquent. Avant la ponte des premiers œufs, elle se développe considérablement, devient cireuse et très douce, plus épaisse comme enflée, ce qui est causé par l'afflux sanguin. Si on la pince elle ne tarde pas à reprendre sa teinte rouge. Elle devient aussi plus chaude.

Une crête peu développée, mince, rude au toucher, aux dents serrées, relevée à l'arrière, annonce à âge égal un oiseau de peu de valeur. On a dit, avec raison, que la crête est le miroir de l'ovaire.

L'oreillon doit être lisse, souple, brillant, bien développé. Un oreillon petit, ridé, racorni, est un mauvais indice.

La face doit être relativement exempte de poids follets. Nous l'aimons maigre, fine, rouge, lisse, sans ride. Une face grasse donne une impression de grossièreté et annonce une pauvre productrice.

Mais le caractère le plus marquant est l'œil. Il est important de s'apprendre à juger de l'œil d'une volaille. Les paupières doivent être nettes, bien ouvertes, sans rides ni replis. Les replis du dessus du globe oculaire sont de fâcheux indices. L'ouverture des paupières doit être ovale.

Le globe oculaire doit être placé soit au centre, soit (mieux) en arrière de la cavité orbitaire. Dans ce dernier cas un croissant plus ou moins large de chair rose pâle est nettement visible en avant de l'œil, dans la cavité orbitaire; et la pupille est placée en avant du centre de la cornée. L'animal semble donc être atteint de strabisme symétrique. L'œil doit être clair, vif; sa pigmentation doit être forte, le plus foncé possible. Il arrive que des volailles de race à pigment jaune ont l'iris bleu. C'est une dégénérescence. Les volailles les plus vigoureuses ont, au contraire, une légère exagération du pigment. L'œil doit être bombé. Pour en juger, il faut regarder la tête de face, on voit alors la courbure convexe de la cornée qui doit être très accentuée. Un œil plat et terne est l'apanage de pauvres sujets, malingres et improductifs.

En résumé, les caractères montrant le développement sexuel, la finesse, la féminité, l'intelligence, sont ceux qui annoncent dans les points de tête, la future bonne pondeuse.

LE TYPE

On appelle type la ligne générale de la pondeuse. Cette ligne lui donne une forme, et c'est cette forme spéciale du corps qui a, sur la production, une grande influence, en réglant le développement des organes de ponte.

La question de savoir s'il y a un type de pondeuse ou si les meilleures pondeuses sont généralement d'un type déterminé a été longtemps controversé dans le monde avicole, nié par les uns, affirmé par les autres. Le fait est que chaque aviculteur a un type, résultat de ses travaux, de ses mélanges de sang. Le type de *Padman* n'est pas celui de *Wyckoff,* celui de *Franck Snowden* n'est pas celui de *Tom Barron.*

Cependant les bonnes volailles provenant de chez tous ces aviculteurs ont des points communs que ne possèdent pas les volailles de même race ou quelconques.

Ce qui fait le type, c'est la longueur du cou, l'inclinaison du dos, la position et la longueur de la queue, la ligne de la poitrine, la capacité abdominale, la ligne de l'arrière-train. C'est le port général de l'oiseau, la position, l'abondance, la longueur des plumes, l'écartement des pattes, la longueur et la position du bréchet, des os pelviens. Le cou de la bonne pondeuse doit être assez long, fin et ne pas affecter la forme sinueuse dite : cou de serpent. Il ne forme pas un angle très marqué avec la ligne de dos. Celui-ci doit être le plus souvent incliné vers l'arrière et long. La queue ne doit pas être portée trop haute, ni être trop longue. Cette queue se relèvera toujours assez pendant la ponte. Choisissez-là portée assez basse avant la ponte.

La poitrine ne doit pas être trop développée, car l'arrière-train doit l'emporter en volume sur l'avant-train. La ligne descendante de la poitrine ne doit pas être parallèle à celle du dos, mais s'en écarter peu à peu. Avant la ponte ne choisissez pas les volailles qui ont l'abdomen descendu fortement entre un bréchet trop court et les os pelviens : vous auriez un type « chair » au lieu d'avoir un type « ponte ». Mais considérez que la distance doit être grande entre les os pelviens et la verticale passant par la cuisse. Plus cette distance se rapprochera de celle comprise entre la cuisse et la ligne verticale passant par la ligne antérieure de la poitrine, meilleure sera votre volaille.

Plus la différence de longueur des deux lignées sera grande, moins bon sera votre sujet.

Aimez les animaux dont la vue avant et la vue arrière s'inscrivent dans un triangle. Vu de côté, ils rentrent dans un trapèze aux angles arrondis. Le corps doit être profond proportionnellement à sa longueur, mais il doit aussi être long (dos et bréchet).

Les cuisses doivent être très écartées, les tarses bien plantés, et les orteils droits, non rentrants ni sortants.

LE TEMPERAMENT, L'ACTIVITE, LA VIGUEUR

LA SANTE, LA CONDITION

Ce caractère est un des plus importants. A lui seul, il signifie peu de chose, mais les autres ne sont rien sans lui. On a classé avec raison les tempéraments en 4 catégories : les nerveux, les sanguins, les froids, les lymphatiques.

Les nerveux sont les meilleurs ainsi que les sanguins. Les autres ne nous intéressent pas, leur production reste inférieure et ils seront plutôt, quelle que soit la race à laquelle ils appartiennent, producteurs de chair.

Les tempéraments nerveux et sanguins sont toujours en activité, grattant, furetant partout. Ils font sans conteste les meilleures pondeuses. Toujours en appétit, ils emmagasinent des réserves alimentaires, qui serviront non à produire de la chair, mais des œufs. La réabsorption sera plus rare chez eux parce que leur corps n'a pas besoin de tant de matériaux.

Une future bonne pondeuse doit être vigoureuse et en excellente santé.

On le comprendra facilement si l'on songe quelle résistance doit avoir son organisme pour produire un nombre d'œufs aussi considérable, un poids d'œufs pouvant parfois aller jusqu'à 4 et 5 fois son propre poids ! Tout sujet reconnu taré sera impitoyablement écarté. Tout sujet qui n'est pas venu rapidement à maturité qui a eu des retards dans sa croissance, sera éliminé. Tout sujet qui, en croissance, a fait une mue pénible ne sera pas admis. (Voir leçon spéciale sur l'Elevage).

Enfin, retenons que pour pondre beaucoup, la poulette a besoin de réserve de graisse. Une future bonne pondeuse doit être bien en chair, et avoir, avant la ponte, un léger excès de graisse afin que la formation des ovules trouve toujours les matériaux dont elle a besoin pour la production de longs cycles de ponte. Si notre future pondeuse est nerveuse ou sanguine, nous n'avons aucun lieu de craindre que cette graisse ne soit pas employée à faire des œufs.

LA CONFORMATION INTERIEURE DU CORPS

La conformation intérieure du corps influe sur le type. Mais pour que l'on s'en rende compte, il est nécessaire de prendre l'animal en main et de le palper. Les points à examiner sont **les** suivants, dans leur ordre :

Longueur du dos.

Largeur du dos au niveau de l'ovaire.

Longueur et forme du bréchet.

Largeur de l'abdomen entre les cuisses.

Elasticité du bréchet.

Rapport entre la direction de l'épine dorsale et la direction du bréchet.

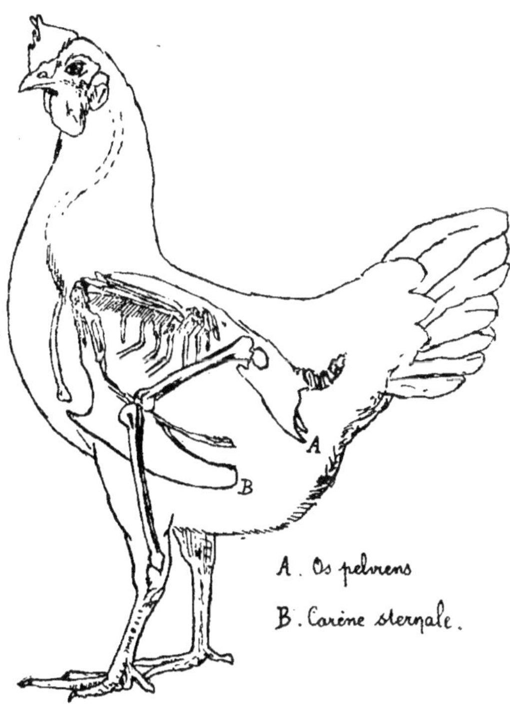

Intervalle entre l'extrémité postérieure du bréchet et les os pelviens.

Examen des os pelviens : rectitude,
finesse,
souplesse,
écartement.

Longueur du dos. — L'oiseau doit avoir le dos long. Pour s'en rendre compte le tenir par les pattes, le ventre contre soi et passer la main de la naissance du cou aux vertèbres de la queue. Le dos doit de plus, être exempt de toute difformité. Une très légère courbure de la colonne vertébrale convexe vers l'extérieur, au niveau de l'ovaire, est à souhaiter.

Largeur du dos. — Cette largeur du dos est importante, car elle donne la capacité du corps au niveau de l'ovaire et permet le développement régulier de cet organe ainsi que la maturité, libre de toute contrainte, de plusieurs ovules à la fois. Débutants, prenez la peine de mensurer cette largeur du dos au compas d'épaisseur placé horizontalement au niveau de l'ovaire.

Longueur du bréchet. — Le bréchet doit être long afin d'empêcher les intestins de descendre la cavité abdominale trop bas. (Bagging down). Un bréchet trop court provoque ce déséquilibre des organes, toujours préjudiciable. Le bréchet long donne à l'oiseau sa forme en fuseau (Leghorns, Bresses). On exige le bréchet plus long pour ces volailles que pour les races plus lourdes (Wyandottes, R.I.R.). Le bréchet ne doit pas cependant se relever en arrière et diminuer l'écartement pelvien sternal.

Forme du Bréchet. — Il ne doit pas être déformé par l'usage du perchoir pratiqué chez des oiseaux trop jeunes.

Il ne doit donc être droit mais une courbure convexe vers l'extérieur du niveau où l'ovaire est à souhaiter : l'abdomen a plus d'ampleur à l'endroit de la formation des œufs.

Largeur de l'abdomen entre les cuisses. — Plus cette largeur est grande, meilleur est l'oiseau. Les pattes doivent donc être écartées, mais les membres doivent tomber d'aplomb. On mesure l'intervalle entre les cuisses avec la main.

Elasticité du bréchet. — Le bréchet doit être élastique. Ceci ne peut être éprouvé sur des sujets trop jeunes, mais sur des sujets prêts à pondre. Le développement que va prendre l'ovaire, les intestins, est subordonné à cette condition. Si le bréchet est rigide, la capacité intestinale ne deviendra pas beaucoup plus grande. Avant la ponte cette capacité est toujours faible ou moyenne, elle ne devient forte que lorsque le moment du dépôt des premiers œufs est arrivé ou avant le dépôt de ces œufs.

Rapport entre l'épine dorsale et la direction du bréchet. — Le dos doit, chez la plupart des races, être incliné vers l'arrière, mais l'inclinaison du bréchet doit être plus forte que celle du dos : la poitrine ne doit pas être trop profonde et prendre le pas sur l'abdomen.

Intervalle entre l'extrémité postérieure du bréchet ou extrémité sternale et les os pelviens (intervalle pelvien-sternal). — Cet intervalle indique la capacité de l'abdomen, et montre la capacité

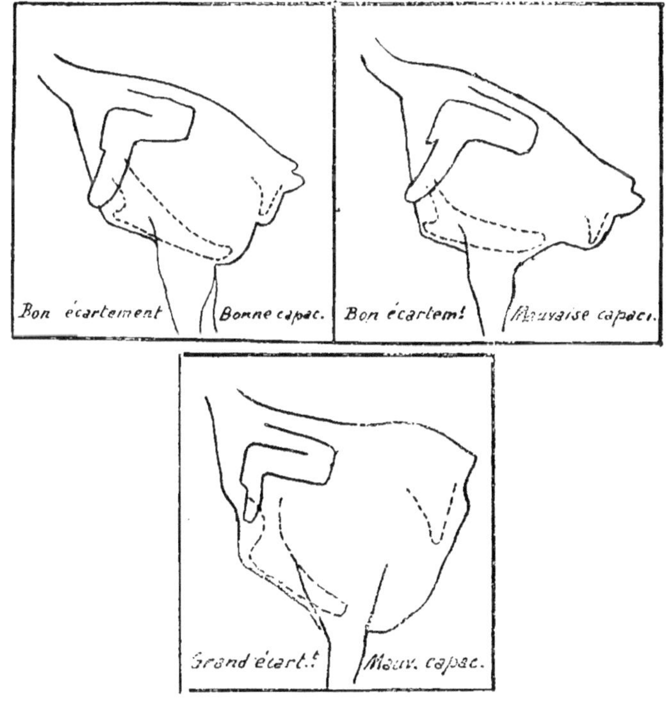

d'absorption des aliments. Plus la pondeuse peut ingérer d'aliments et meilleure elle est si les aliments donnés sont conformes à nos exigences. Cet intervalle se mesure en doigts. Les doigts doivent être à peu près perpendiculaires à la direction du dos : si la main était presque couchée, le bréchet serait trop court et l'abdomen risquerait de descendre. Mais il faut bien se persuader qu'avant la ponte, les organes de la digestion n'ont pas leur entier développement et que l'intervalle pelvien sternal n'a pas la même importance que pendant la ponte. Cependant s'il est égal à un doigt seulement, la volaille ne fera jamais rien. Plus il est large avant la ponte et limité par un bréchet *flexible*, meilleure sera la pondeuse.

Les os pelviens. — Les os pelviens avant la ponte sont toujours rapprochés. Ils sont souvent recourbés, pas toujours. Les os pelviens droits avant la ponte sont d'un meilleur indice que les autres, mais nous avons constaté le redressement des mêmes os primitivement recourbés lorsque l'oiseau était en ponte. Si ces mêmes os étaient restés recourbés, la pondeuse aurait été inférieure. Pour qu'ils se redressent, ils doivent donc être flexibles. Ils doivent aussi être flexibles pour que l'œuf puisse passer sans difficulté par l''intervalle qu'ils laissent entre eux. Si la pondeuse pond difficilement, elle souffre, ce qui nuit à sa ponte. Elle est longtemps sur le nid et pendant ce temps ne mange pas, ni ne prend pas d'exercice, ce qui nuit à sa production.

Aimez donc les os pelviens souples, longs, et, autant que possible droits. L'épaisseur des os pelviens considérée en elle-même n'a que peu d'importance avant la ponte.

Lorsque l'on dit « épaisseur des os pelviens », on veut dire « épaisseur des os eux-mêmes envisagés séparément, additionnés de l'épaisseur de la chair et de la peau qui les recouvrent. Or, nous avons vu qu'une future bonne pondeuse doit avoir un excès de graisse. Cet excès de graisse doit se loger autant que possible ailleurs que sur les os pelviens. Mais si, à âge égal, nous avons des volailles n'ayant pas encore pondu, mais dont les os sont épais (chair, peau épaisse) nous ne devons pas en présumer qu'elles seront beaucoup moins bonnes pondeuses que celles n'en ayant pas. Préférez cependant celles qui ont les os pelviens minces, sans exagération. Pendant la ponte, si l'oiseau est satisfaisant sous les autres rapports, cet excès de graisse sera drainé dans le sang et transformé en œufs.

Les os pelviens sont formés chacun de 3 os : l'ischium, l'ilium et le pubis. Chez le poussin nouveau-né, ces os sont séparés, mais chez la volaille adulte ils sont plus ou moins soudés. Leur intervalle s'appelle l'arche pelvienne.

Eliminez de votre troupeau toute poulette qui groupe sur une petite surface, grande comme une pièce de deux francs, l'extrémité des os pelviens et l'extrémité sternale. Ces oiseaux ne feront jamais rien de bon, mais nous vous mettons en garde contre les jugements erronés au sujet de l'écartement pelvien, comme au sujet de l'écartement pelvien-sternal de poulettes n'ayant pas encore pondu.

Examen de la plume, de la peau, des pattes. — L'oiseau doit être bien emplumé. La régularité de la pousse des plumes, la rapidité des mues de croissance et de maturité, la beauté de la plume (plumage lisse et brillant) annoncent des oiseaux vigoureux et bien portants. Les plumages ternes sont des indices de tempérament souffreteux.

La bonne pondeuse a le plumage net et brillant, collé au corps, serré, étoffé. L'artichaut, c'est-à-dire l'arrière-train est bien couvert de plumes fines et longues. On prétend parfois que les meilleures pondeuses portent la queue relevée. C'est exagéré. Avant la ponte, la queue ne doit pas faire avec le dos un angle de moins de 135 degrés.

Plus tard, elle se relève, mais ceci est peu dû à la ponte. On observe le relèvement de ce groupe de plumes, avec l'âge, dans l'un et dans l'autre sexe.

La patte a son importance. Le tarse ne doit pas être trop long, le corps ne doit pas être plus élevé que la moyenne. La patte doit être fine, indice d'un squelette fin, nerveuse, c'est-à-dire laisser bien en saillie le tendon arrière. Elle ne doit pas être dure, ce qui arrive lorsque les volailles ont eu un sol caillouteux, mais assez molle, à la peau fine, aux écailles fines et régulières. Les doigts doivent être longs, ainsi que les ongles, signe d'une puissante activité. L'oiseau doit avoir bien ses aplombs.

Poids de l'oiseau. — (Voir 12ᵉ leçon).

A l'aide de cette documentation, on pourra avant la ponte, diviser le troupeau en trois catégories : les poulettes présumées bonnes pondeuses les plus nombreuses, de beaucoup, si la souche ascendante est bonne, les moins bonnes et les mauvaises pondeuses. Ces dernières doivent être écartées et dirigées vers la consommation.

Les qualités d'une bonne ponte sont :

La précocité ;

La grosseur des œufs ;

La persistance.

En général, la grosseur des œufs dépend de la souche, des ascendants.

Il faut s'attacher à choisir constamment les reproducteurs parmi les meilleurs sujets donnant des œufs marchands dès le début de la ponte.

Combien de personnes ont éprouvé de durs déboires pour s'être procuré des volailles d'une souche donnant des œufs dépréciés ! C'est une des raisons pour lesquelles nous préférons la Leghorn à la Wyandotte, et que nous écartons encore la Bresse Noire des troupeaux industriels.

Les coqs doivent aussi et surtout être choisis en ce sens, car lorsqu'ils ont de la valeur, ils sont aptes à transmettre la taille des œufs en même temps que la précocité et la persistance.

La taille des œufs est aussi influencée par d'autres facteurs que l'hérédité, ce sont : la précocité, la nourriture.

Une volaille qui a été poussée dans le jeune âge, et surtout dans les deux premiers mois de son existence ainsi qu'à l'approche de la ponte, car ce sont les deux périodes prépondérantes (la première ayant encore plus d'influence que la seconde) cette volaille disons-nous, pond de petits œufs et pondra toujours des œufs plus petits que ceux qu'elle aurait donné dans des conditions différentes. A l'Aviculteur de savoir gouverner son troupeau. La composition de la nourriture a une grande influence sur le poids de l'œuf. En général, le poids du jaune, qui contient le plus de matières grasses, n'est pas augmenté dans les mêmes proportions que le blanc lorsque le poids des œufs d'une même pondeuse augmente. Ainsi, lorsque l'œuf d'une pondeuse passe de 55 à 60 gr., c'est-à-dire augmente de 5 gr., le jaune n'est pas augmenté sensiblement, tandis que le blanc subit une augmentation plus forte. Or, l'insuffisance de matières albuminoïdes dans la ration (farines de viande, de poisson, etc...), provoque l'insuffisance de blanc dans l'œuf, ce qui entraîne une insuffisance de poids et de volume de l'œuf que l'excès des matières grasses et hydrocarbonées, ne parvient jamais à combler.

Mais il y a encore d'autres causes :

Si vous donnez en trop grande quantité à l'oiseau en croissance, avant la ponte, des éléments azotés, par exemple (le même
fait a lieu pour des éléments gras ou hydrocarbonés, dans leurs
sphères respectives) l'organisme de l'oiseau n'ayant pas besoin du
surplus, ne l'utilisant pas en entier, le rejette dans les déchets.
L'organisme de cet oiseau s'habitue à ces rejets et en conservera
l'habitude même à la période où pendant la ponte, elle pourrait
utiliser l'excès de ces éléments : la poule *sabote* ses œufs.

Le même fait se produit en cas de manque d'éléments, quels
qu'ils soient :

En conséquence, la taille des œufs et leur nombre, nous ne
reviendrons pas sur cette partie, dépend non seulement de l'équilibre de la ration en période de ponte, mais aussi de cet équilibre
en période de croissance. Evitez ces accidents en nourrissant vos
troupeaux de tout âge comme nous vous l'avons conseillé.

Il nous reste deux facteurs à examiner : la précocité et la
persistance.

En général, les volailles qui pondent assez tôt (pas trop tôt)
donnent la meilleure ponte, c'est-à-dire possèdent la qualité que
nous appelons la persistance, ou sont les plus aptes à la posséder.
Comme ces poulettes pondent en hiver et que la ponte d'hiver
abondante est absolument indispensable pour les bons records et
les bonnes moyennes, il est tout naturel que les meilleures pondeuses
soient au nombre des pondeuses précoces. Voici d'ailleurs un
procédé à imiter, employé par M. Atkinson à Hollywood Poultry
Farm :

Cet éminent Aviculteur attend, pour placer ses poulettes dans
les poulaillers de ponte, qu'elles aient donné leurs premiers œufs.
Il les met par groupes, par paquets dans leur ponderie en les triant
à l'aide des caractères indicatifs dont nous parlerons tout à l'heure.

Il a ainsi par exemple : Poulailler A, poulettes ayant pondu
à l'âge de 5 mois 1/2 à 6 mois ; Poulaillers B, poulettes ayant
pondu à l'âge de 6 mois à 6 mois 1/2, etc... Les pondeuses méri-
tantes seules, c'est-à-dire ni trop précoces, ni trop tardives, sont
trappnestées. Les autres ne le sont pas et ne sont pas susceptibles
de devenir des reproductrices. Elles ne peuvent en effet prétendre
à de hauts records.

Nous devons cependant dire qu'elles ne doivent pas être
éliminées du troupeau de pondeuses d'œufs de consommation, car
elles peuvent très bien donner du rapport.

La persistance. — La persistance est la qualité des pondeuses qui, ayant commencé à pondre à l'âge où toute bonne pondeuse doit le faire, continuent leur ponte sans interruption autre qu'un arrêt limitant chaque cycle, jusque l'automne suivant.

La persistance et la précocité sont l'apanage des meilleures pondeuses.

Toutefois, les pondeuses précoces ne sont pas toutes persistantes, toutes ne prolongent pas leur ponte tardivement en saison. Si elles n'ont pas elles-mêmes la résistance nécessaire à l'élaboration d'une grande masse d'œufs, si elles n'ont pas la robuste santé indispensable à la ponte ininterrompue malgré le temps et l'affaiblissement, si elles n'ont pas derrière elles une longue lignée d'ascendants persistants ou si elles subissent un simple accident, elles cessent de pondre, muent, et restent de longs mois improductives : elles coûtent au lieu de rapporter.

Encore une fois nous insistons sur la nécessité de procéder sans retard à l'élimination des volailles ayant cessé de pondre. Pour faire cette élimination, il est indispensable de connaître les caractères qui accusent que la poule pond ou ne pond plus. L'exagération des caractères de ponte, si l'on peut dire, décèle généralement, dans une certaine mesure, les meilleures pondeuses.

Voyez donc quels sont les caractères physiques à étudier et qui président à ces tris.

Ce sont tous ceux précédemment nommés (tri précédant la ponte) modifiés s'il y a lieu :

Etudions à ce sujet :
L'orifice de ponte ;
La tête ;
L'écartement pelvien sternal ;
L'écartement pelvien ;
La pigmentation ;
La peau ;
La condition.

L'orifice de ponte. — Lorsque la poule ne pond pas, l'orifice de ponte ou cloaque est petit, rétréci et sec. Lorsqu'il est large, humide, onctueux, la poule est en ponte.

La tête. — Lorsque la poule pond, la crête a pris tout son développement, ainsi que les barbillons et les oreillons. La crête est spécialement regardée comme donnant une indication précise sur l'activité de l'ovaire. Dès que l'ovaire produit des œufs en quantité, qu'elle soit petite ou grande, la crête est engorgée de sang. Puis peu à peu elle subit des changements. La ponte se continuant, la crête perd petit à petit son apparence enflée, elle devient moins rouge, moins chaude. C'est que le sang baigne moins abondamment les extrémités et afflue vers l'ovaire. Elle garde cependant presque toute sa taille.

Considérez un troupeau de poules en ponte depuis plusieurs semaines ou plusieurs mois, les crêtes n'ont plus cet aspect sanguin qu'elles avaient au début de la ponte, mais à la suite de beau temps, d'excitant, de débuts saisonniers favorables, la ponte peut augmenter : les crêtes rougissent davantage pour redevenir plus pâles ensuite.

Si la volaille a cessé de pondre pendant un certain temps et qu'elle est sur le point de recommencer sa ponte, la crête prend une apparence légèrement écailleuse. Lorsque la poule a cessé de pondre, la crête s'atrophie. Mais avant que cette atrophie ne soit perceptible, il se produit un autre changement : elle devient plus légère en couleur, prend une apparence poudrée sans que cette apparence aille jusqu'à être écailleuse, mais cependant assez différente de la crête de la poule en ponte pour que les observateurs puissent en toute certitude éliminer ces volailles à l'aide de ce moyen plus rapidement qu'à l'aide d'aucun autre.

L'œil. — Lorsque la poulette ou la poule a cessé de pondre, l'œil perd un peu de son éclat et de cette apparence brutale qui caractérise généralement les pondeuses de grand style.

L'écartement pelvien sternal. — Lorsque la ponte est proche, l'écartement pelvien sternal augmente. Lorsque la poule commence sa ponte, il se développe considérablement pour rester presque stationnaire : non toujours égal à lui-même, il diminuera dans de grandes proportions lorsque la volaille aura cessé de pondre.

Une bonne pondeuse doit avoir en ponte, un écartement pelvien sternal développé. Plus cet écartement est grand, plus élevé, dit-on, sera le record annuel de la pondeuse. Ceci donne matière à discussion. Les avis sont nettement partagés. Tout le monde est d'accord pour affirmer la nécessité d'un écartement pelvien-sternal prononcé. Mais ce qu'il est intéressant de savoir, c'est que les pondeuses de

300 œufs et plus n'ont pas cet écartement plus marqué, en général, que celles donnant 80 œufs de moins ! Quatre doigts est pour les Leghorns, l'écartement optimum. Pour les races de même type, on préférera probablement le même écartement. Chez les races lourdes, on exigera un doigt de plus. Mais telle Leghorn pondeuse de 304 œufs n'avait que 3 doigts de capacité abdominale... Alors, nous devons conclure que ces mesures ne sont pas de toute première importance et qu'elles ne doivent pas passer avant toutes autres considérations telles que l'examen de la tête, la vivacité, la vigueur, et surtout l'origine. Cet écartement pelvien sternal varie constamment chez une même volaille. Plus la ponte est abondante et plus il est grand. Il peut vous être intéressant de savoir qu'il se modifie constamment et suit les cycles de ponte, s'élargissant dans les cycles et se rétrécissant entre chacun d'eux.

L'écartement pelvien. --- Lorsque la poule est en ponte, les os pelviens s'écartent. Ceux qui sont arqués se redressent souvent. Si l'écartement reste très étroit, la poule n'est généralement pas bonne pondeuse. Cependant, comme pour l'écartement pelvien-sternal les mesures ne sont pas en fonction du nombre d'œufs et telle pondeuse célèbre ayant dépassé 300 œufs, n'avait, en ponte, que deux gros doigts d'écartement entre les os pelviens.

Lorsque la ponte cesse, les os pelviens se resserrent. Ils se resserrent dans des proportions qui ont peu de rapport avec le nombre d'œufs pondus dans l'année et il est tout à fait erroné de juger de la ponte d'une volaille par la mensuration de ses intervalles une fois qu'elle a fini de pondre. Mêmes remarques pour l'écartement et le rétrécissement passagers de cet intervalle de cycle à cycle.

La pigmentation. — La pigmentation jaune des Leghorns et des volailles américaines (Wyandottes, Rhode Islands, Plymouths, Chanteclair, etc...), est un facteur d'un secours immense dans la sélection par les caractères extérieurs.

Ainsi pour les Aviculteurs industriels, producteurs d'œufs de consommation, elle offre une supériorité certaine. Cependant, rappelons-nous ce que nous avons dit au cours de cette leçon sur le changement que subit la crête aussitôt que la ponte a cessé. On trouvera là une base pour l'élimination rapide et à temps des non pondeuses ne possédant pas la pigmentation jaune.

Par « pigmentation », nous désignons la couleur naturelle

jaune ou xanthophyle, contenue dans le maïs, le trèfle, l'alfa et d'autres plantes, absorbée par les organes digestifs et distribuée à toute la surface du corps. Ainsi les Leghorns et les volailles américaines ont la peau, les pattes, les paupières et le bec jaunes. Les Leghorns, de plus, peuvent avoir les oreillons colorés.

Cette pigmentation, très abondante chez les coqs au repos, chez les poulettes en croissance ou les poules en état de non production, ainsi que chez les chapons, diminue suivant la production (femelle) ou le travail (mâle) pour faire place peu à peu à une couleur blanche ou blanc rosé. Elle est parfaitement visible aux pattes, à la peau (notez le jaune de l'orifice de sortie ou cloaque) au bec, autour de l'œil.

Pour se rendre compte de sa présence, à la crête et aux barbillons, pincez ces appendices et éloignez les doigts : remarquez la teinte jaune avant que le sang ne soit revenu baigner la partie pincée.

La quantité de xantophyle dépend de la richesse en xantophyle des matières alimentaires.

Les volailles américaines, nourries de substances riches en matière jaune et en verdure donnent une pigmentation plus forte que si elles recevaient une alimentation différente.

Cette xantophyle se dépose dans la graisse des tissus, et surtout sous forme de granulations, dans la couche de Malpighi et le long des vaisseaux capillaires des tissus sous-cutanés. Elle passe dans le jaune de l'œuf avec sa couleur et le colore plus ou moins selon sa richesse. Au fur et à mesure que la ponte augmente, les parties du corps précédemment colorées se décolorent en vertu de cette absorption suivant un certain ordre. Quelle que soit la richesse en matière jaune de la ration, il est impossible pendant la période de ponte, de faire réapparaître la teinte jaune des parties du corps qui sont « pâlies ». Mais aussitôt que la ponte est suspendue, les matières colorées n'étant plus absorbées par le jaune, donnent de nouveau une pigmentation jaune qui réapparaît dans le même ordre qui a présidé à leur disparition.

LA QUANTITE DE MATIERE JAUNE
DEPEND DE LA VIGUEUR

Les sujets les plus sains et les plus vigoureux sont ceux qui ont le pigment le plus important comme quantité et comme couleur :

la meilleure pigmentation est non jaune pâle, ce qui accuse un tempérament faible, mais jaune-orangé riche. A 6 semaines, et pendant toute la période de croissance, les sujets les plus robustes sont les plus pigmentés, et ceci doit entrer en ligne de compte dans les tris successifs. Il est une erreur profonde de croire que les lignées de pondeuses doivent avoir moins de pigment que les autres volailles, quand elles sont en croissance.

DISPARITION DU PIGMENT JAUNE

Au fur et à mesure que les volailles pondent et que les coqs accomplissent le service auquel ils sont destinés, la pigmentation, avons-nous dit, disparaît peu à peu.

La rapidité de cette disparition est influencée par :

1º Le nombre d'œufs pondus sans arrêt anormal et le nombre de jours qu'il s'est écoulé depuis la ponte du premier œuf. L'activité du service des coqs ;

2º La race et les réserves de graisse de l'oiseau ;

3º La nourriture.

A nombre égaux d'œufs pondus :

1º Plus la nourriture est riche en matière jaune et en verdure et plus lente est la disparition ;

2º Plus la race est lourde et possède des réserves abondantes de graisse et plus lente est la disparition.

3º Plus l'oiseau est vigoureux, plus le pigment « tient » et pâlit lentement. Non seulement les pondeuses doivent avoir, avant la ponte, une forte pigmentation, mais encore tous autres facteurs considérés comme égaux ; les reproductrices les plus vigoureuses sont celles qui ont abandonné leur pigment avec le plus de lenteur.

Voyons maintenant quel processus préside à la disparition du pigment jaune chez les Leghorns et les pondeuses de race américaine.

Quand une volaille commence à pondre, ses besoins en graisse et en matière jaune deviennent très grands. La graisse et la matière jaune disparaissent d'abord des parties du corps voisines de l'ovaire, ce qui n'est pas visible extérieurement.

Des observations attentives ont montré que le pigment jaune disparaît ensuite dans l'ordre suivant :

Orifice de ponte, tour de l'œil et face, oreillon, bec et pattes.
Pour les Leghorns :

Orifice de ponte. — L'orifice de ponte change avec plus de rapidité. Un orifice blanc, large et humide indique que la volaille est en ponte. En général, il est blanc après la ponte d'environ 6 œufs ou lorsqu'il s'est écoulé de 10 à 12 jours depuis la ponte du premier œuf, sans interruption anormale.

Tour de l'œil. — Il s'agit ici du bord intérieur de la membrane limitant l'orbite, c'est-à-dire de la paupière externe (les oiseaux ayant paupières externe, moyenne et interne), puis, la face, la crête et les barbillons abandonnent peu à peu leur pigment, ce que l'on constate en pinçant avec les doigts.

Oreillon. — L'oreillon est entièrement pâli lorsque la pondeuse a donné de 10 à 15 œufs ou que la ponte dure depuis 15 à 20 jours.

Bec. — L'extrémité de la pointe du bec est légèrement pâlie avant la ponte du premier œuf et ceci ne doit pas être considéré comme une perte de pigmentation produite par la production.

Le pigment quitte d'abord la base du bec ce qui a lieu au bout de 8 à 15 jours de ponte. Puis c'est la mandibule inférieure qui blanchit (4 à 6 semaines de ponte). Enfin tout le bec a perdu son pigment (de 30 à 40 œufs ou de 60 à 70 jours).

Le bec reprend sa teinte, après un long repos, en partant de la base. Il y a alors une couronne jaune, dans la partie médiane du bec qui ne tarde pas à disparaître, la pointe du bec étant restée blanche si le repos n'a pas été de trop longue durée.

Les pattes. — Les pattes sont les plus lentes à pâlir. La couleur jaune disparaît d'abord du bord extérieur des écailles, puis des écailles tout entières, cela sur la partie de la patte visible lorsque l'on regarde l'oiseau en face. Ensuite la partie postérieure blanchit. Le talon est la partie qui conserve le plus longtemps sa pigmentation et l'examen de cette partie montre la profondeur, la quantité du pigment possédée par chaque volaille.

Les pattes sont généralement entièrement blanches lorsque l'oiseau a pondu de 70 à 80 œufs où est en ponte depuis 100 à 120 jours (alimentation normale). Chez les Wyandottes R.I.R., Plymouths, etc..., il faut un temps plus long de 3 à 6 semaines pour que la pigmentation soit entièrement disparue. Ceci dépend évidemment de la quantité primitive de graisse contenue dans le corps, de l'intensité de la production, de la composition des rations, des conditions dans lesquelles les volailles sont tenues.

Il arrive que dès la production du premier œuf, l'orifice de ponte et la paupière externe sont pâlis ; en effet, il faut environ 14 jours pour qu'un ovule arrive à maturité pour briser sa follicule et tomber dans la trompe.

Qu'arrive-t-il quand la volaille cesse de pondre ?

Lorsque la volaille cesse de pondre, il se produit un dépôt de graisse et de pigment dans le corps de l'oiseau. Les parties pâlies reprennent donc leur couleur, mais elles le font avec moins de temps qu'elles en ont mis à disparaître. La réapparition du pigment se fait dans le même ordre que sa disparition : orifice, paupière, face, oreillon, bec, pattes. Au bout d'une semaine d'arrêt, l'orifice a repris sa teinte jaune. Mais avant d'éliminer cette pondeuse, il faut se demander si l'arrêt de la ponte n'est que temporaire, c'est-à-dire n'est pas dû à un désir de couver qui peut ne pas être encore visible, à une faiblesse passagère, à une faute d'alimentation, à des conditions atmosphériques défavorables. Ce serait une erreur d'éliminer immédiatement de telles volailles. Attendons que l'oreillon et la face aient repris leur pigmentation, c'est-à-dire 15 jours au maximum.

Les considérations qui ont présidé au retard de la disparition du pigment ont leur effet également lors de sa réapparition.

Remarquons que lorsque la graisse a quitté les pattes, celles-ci sont plus fines, la peau en paraît plus mince, les écailles sont ténues.

Si vous trouvez une volaille dont le bec porte en son milieu une couronne jaune, vous pouvez en déduire ceci : l'oiseau a pondu assez pour que le bec se décolore complètement, puis il a cessé de pondre, ce qui a ramené le pigment à la base et au milieu du bec, enfin, il s'est remis à pondre, ce qui a amené la décoloration de la base.

Comment juger de la pigmentation. Ces jugements peuvent être faits dans la cage à capturer pendant le jour si les volailles sortent déhors, ou si un compartiment du poulailler. reste libre.

Dans le cas contraire, inspecter les volailles la nuit. Mais, pour juger de la présence du pigment, il importe que les rayons jaunes de votre lampe soient supprimés : munissez-là d'un verre légèrement teinté de bleu.

LA PEAU

La volaille en ponte a la peau plus fine et plus souple. La peau
perd une grande partie ou la totalité de son pigment selon l'intensité
et la durée de la ponte. Une volaille qui conserve la peau épaisse
et rigide de même qu'une autre qui présente à l'abdomen une masse
de graisse dure au lieu d'offrir une masse molle, souple, dans
laquelle les doigts s'enfoncent rapidement, est une mauvaise pondeuse où, si le tri est fait tôt, une poule qui n'a pas encore pondu.

LA PLUME

La plume d'une paresseuse est propre, neuve. Celle d'une
grande pondeuse est salie, usée : ne vous y trompez pas : les
pondeuses les plus laides sont souvent les meilleures.

La plume d'une poule qui a beaucoup pondu est plus sèche,
plus cassante par suite de son appauvrissement. Plus on approche
de l'époque de la mue, plus la plume est sèche (nervure). Ceci
peut être une indication pour juger de la vieillesse relative de la
plume. Augmentez l'exercice des volailles montrant ce caractère.

APRES LA PONTE

Nous avons vu que les meilleures pondeuses doivent muer
tardivement, et par conséquent pondre très longtemps afin de
joindre la persistance à la précocité. Connaissant la date approxi-
mative du commencement de la ponte, la date et la durée des
désirs de couver (la couvaison naturelle devant avoir pour cause
la saison et non les changements d'alimentation, non la réduction
de l'importance de la ration ni une trop grande chaleur dans le
poulailler à cause d'une aération mal comprise, toutes choses
favorisant le désir de couver) connaissant les caractères des bonnes
pondeuses cités au cours de cette leçon, on pourra en y joignant
la date de la cessation de la ponte, diviser le troupeau en plusieurs
catégories : les mauvaises pondeuses, éliminées dès mars, les
moyennes, éliminées au fur et à mesure de la cessation de la ponte,
les autres continuant leur ponte tard en saison. Ces dernières
comprennent des pondeuses qui ont pondu tout l'hiver précédent
et qui doivent être conservées en deuxième année de ponte (ce
sont les meilleures pondeuses) d'autres qui n'ont pondu qu'une
partie de l'hiver et qui sont bonnes pondeuses, qui seront aussi
conservées ; enfin d'autres qui n'ont commencé leur ponte qu'en

Février-Mars et qui ne seront pas conservées. Ces dernières sont
en plus petit nombre car les pondeuses tardives finissent généralement leur ponte les premières si elles n'ont pas couvé tardivement.

Ainsi une mauvaise pondeuse qui aura couvé en juillet, élevé
des poussins en août, peut très bien pondre en septembre alors
qu'elle ne l'aurait pas fait si on ne lui avait pas permis de couver.
Le calcul peut donc être faussé. Eliminez cette poule si les caractères de pondeuse ne sont pas suffisamment marqués avant la
couvaison.

Lorsque la ponte a cessé, des modifications se produisent dans
chaque oiseau : la crête se recouvre de pellicules blanches et
s'atrophie, elle pâlit et se recroqueville. Elle durcit, elle perd
sa souplesse. Les oreillons font de même. L'œil perd de sa vivacité ;
les intervalles (pelvien et pelvien-sternal) diminuent d'ampleur,
l'appétit diminue, l'abdomen devient dur parce qu'il se charge de
graisse. Les os pelviens s'épaississent pour la même raison. Le
plumage se ternit, se hérisse un peu et tombe. La mue est arrivée.

Les meilleures pondeuses peuvent être sériées d'après les
caractères physiques pendant cet arrêt. Nous disons : non. Telle
poule qui a donné une grande production prend tels intervalles
pelvien et pelvien-sternal. Telle autre qui a donné une ponte égale
ou supérieure prend un intervalle plus grand. On ne peut donc sans
danger comparer entre elles les volailles à cette époque. Ce qui
importe, c'est la souplesse des os, la facilité avec laquelle ils
s'écartent quand l'oiseau est en ponte. Et, ce que l'homme peut
difficilement mesurer, c'est l'aptitude avec laquelle l'oiseau utilisera
ses réserves alimentaires, c'est la faculté d'absorption et l'absence
de réabsorption. Notre travail ne nous donna pas un résultat
pouvant être traduit en chiffres. Il nous permet deux choses : de
ne pas nourrir des volailles inutiles ; de juger sans trop d'erreurs
quelles sont les meilleures volailles du troupeau. Empiriquement,
il nous permet de constituer des parquets de reproducteurs, mais il
ne permet pas l'élevage sûr de bons mâles, ni la production de
volailles munies de pédigrées.

Un travail acharné et soutenu permet cependant, au prix de
longues années d'effort, de produre ainsi, sans le concours de nids-
trappes, des troupeaux donnant une très forte ponte. C'est ce qu'ont
fait Wyckoff et Padman.

A nos élèves possédant une ferme industrielle de pondeuses
d'œufs de consommation, nous assurons que ce procédé de tri

appliqué chaque mois, hiver et été, les récompensera de leur peine, leur évitera de lourdes dépenses et leur fera **gagner beaucoup d'argent**. Il n'y a donc aucun moment de tri pour eux.

Enfin, si l'on veut juger de la valeur d'une pondeuse d'après ses caractères physiques, c'est en Août-Septembre, même Octobre, que cette classification doit être faite.

TRIEZ LES PONDEUSES

EN DEUXIEME ANNEE DE PONTE

Les tris sont faits sur les volailles de deux ans tout aussi bien que sur celles d'un an. Cependant, il est des points plus visibles chez les poules que chez les poulettes ; par exemple, une tendance à l'engraissement, œil terne, jabot vide le soir (car la grande pondeuse est une forte mangeuse, a le jabot bien rempli lorsqu'elle se couche, ce qui a lieu le plus tard possible, au point que l'on peut dire que les meilleures pondeuses sont celles qui passent le moins de temps sur les perchoirs), manque de vivacité, indolence, trop de temps au repos, sur les perches, même dans le jour.

Parmi les volailles de race lourde, la descente de l'abdomen dans l'intervalle pelvien-sternal est plus fréquent chez les poules que chez les poulettes et de telles volailles doivent être promptement éliminées.

Le développement des éperons est regardé comme une indication d'âge et d'un défaut des organes de ponte, entraînant le développement des caractères sexuels secondaires. Si, avec la présence d'éperons, nous remarquons un développement anormal de la crête, il est presque certain que l'ovaire a cessé de produire. Mais le développement des seuls éperons n'indique pas forcément cette transformation intérieure ; il peut être causé par un accident survenu à une écaille de la patte, et nous avons vu des poulettes munies d'éperons, produire tout aussi bien que le reste du troupeau. Il serait intéressant de suivre pendant plusieurs années la production de tels sujets.

NE GARDEZ PAS DE PONDEUSES TROP AGEES

Comment reconnaître l'âge des volailles :

Nous avons vu que la production décroît avec l'âge et qu'en même temps la consommation de nourriture est accrue. Il importe donc de ne conserver pour la deuxième année de ponte, que les volailles susceptibles de payer plus que si l'on faisait la dépense de leur remplacement par une plus jeune.

Quoique toutes les volailles doivent porter une bague numérotée indiquant leur état-civil ou leur provenance, et par conséquent leur âge, il importe que l'Aviculteur puisse juger, à l'examen, de l'âge d'une volaille.

Les moyens peu sûrs ne manquent pas : les volailles âgées peuvent avoir des rides dans la face, les pattes plus fortes portant des écailles mieux marquées et parfois un peu détachées à leur périphérie, une peau plutôt farineuse, tandis que les jeunes sujets ont l'épiderme sillonné de vaisseaux sanguins, fin, net. Mais si ces caractères peuvent servir à différencier les jeunes volailles des sujets âgés, ils sont parfaitement impuissants à indiquer leur âge.

Le seul moyen pratique consiste dans l'examen de l'aile.

Nous reportant à la partie de la 12e leçon traitant de la mue de l'aile, nous voyons que les rémiges primaires, séparées des rémiges secondaires par la plume axiale plus petite, tombent les unes après les autres.

Les rémiges secondaires tombent également : mais à la première mue qu'elles subissent, celle qui est placée le plus près de la plume axiale reste plus petite. A la deuxième mue, c'est au tour de la deuxième rémige secondaire de ne pas reprendre un développement complet ; à la troisième mue, c'est la troisième rémige secondaire qui se développe moins que les suivantes. Ainsi lorsque l'on veut compter l'âge d'une volaille, il suffit d'étendre l'aile, de compter 10 plumes (rémiges primaires) en allant de l'extrémité de l'aile vers l'intérieur, puis de compter la plus axiale. Nous trouvons ensuite les rémiges secondaires plus petites, à nervure presque centrale, plus arrondies, mais munies d'une pointe. Le nombre de ces plumes plus petites que les autres rémiges secondaires indiquent le nombre de mues, c'est-à-dire, dans la généralité des cas, le nombre d'années. Ne pas faire cette vérification si l'oiseau est en mue. Nous vous mettons en garde contre les truquages de certains éleveurs malhonnêtes qui cassent les premières rémiges secondaires des oiseaux âgés qu'ils veulent faire passer pour jeunes.